CUTE PETS CHARITY KONZERT IN UEBERSEE

I0390470

FUER MEINEN EHEMANN

AUTORIN / BILDER / COVER

TANJA FEILER

INTRO:

CUTE PETS 4. ALBUM

DIE TITEL FUER DAS NEUE ALBUM HABEN DIE CUTE PETS SCHON, DOCH FUER IHRE CONCERTOUR SOLL DAS 4. ALBUM DER EINSTIEG SEIN. JETZT GEHT'S AN LYRICS SCHREIBEN, EIN SONG IST FERTIG. ALIEN UND GOOD PET SIND DIE SOUNDMEISTER. SAMMY IST FUER EIN PAAR TAGE ZU BESUCH, DAS HEISST EINE ARBEITSWOCHE. DIE 11 TEILEN SICH DIE ARBEIT AUF: ALBUMDESIGN, LYRICS, MELODIEN UND DANN ALLE ZUSAMMEN: PUSH THE BUTTOM - RECORD. X KUEMMERT SICH UM DIE

KONZERTPLANUNG – EIN TEIL DES GELDES,DAS DIE CUTE PETS MIT IHREM FILM „AMERICAN STORY" VERDIENT HABEN, WIRD IN DIE NEUE TOUR INVESTIERT. WO UND WANN IST NOCH OFFEN. DIE 11 KUENSTLER, AUTOREN, WISSENSCHAFTLER, MUSIKER UND DESIGNER SIND EINE JUNGE WG. INERHALB EINES JAHRES DREI ALBEN, EIN FILM. . .

KIRA BIEN UND NICK SICK, DAS FILMSCHAUSPIELEREHEPAAR AUS UEBERSEE HAT NACHGEFRAGT, OB DIE CUTE PETS AN EINER CHARITYVERANSTALTUNG AUFTRETEN WUERDEN. DAS IST PERFEKT ALS EINSTIEG. ES IST FUER EINEN GUTE ZWECK, DIE CUTE PETS WERDEN DREI NEUE SONGS

PRAESENTIEREN. FUER KIRA UND NICK IST FLIEGEN, STAENDIG UNTERWEGS SEIN NORMAL, ZEITDRUCK, WAEHREND DIE KUSCHELTIERE DIE MEISTE ZEIT ZUHAUSE VERBRINGEN, KREATIV UEBER DIE DIGITALEN MEDIEN ARBEITEN. BEREITS IN EINER WOCHE IST DAS KONZERT - X UEBERLEGT SICH, DAS IST GENUG ARBEIT, ERSTMAL FLUEGE BUCHEN UND VIA MAIL / CHAT UND TELEFON WIRD MIT ALLES ORGANISIERT. ALS DIE GIRLS IN DER WG ERFAHREN, DASS IHR ERSTES KONZERT BEREITS IN EINER WOCHE SEIN WIRD, IST DIE AUFREGUNG GROSS. WELCHES BUEHNENOUTFIT? DIE CUTE PETS ENTSCHEIDEN SICH FUER SCHWARZ - AUS IHRER EIGENEN

YOUNGFASHIONCOLLECTION. TAG UND NACHT ARBEITET DAS TEAM – UND DANK ALIENS CONNECTION ZU SEINEM EHEMALIGEN ARBEITSPLATZ, DEM LABOR MIT PROTOTYPEN MODERNSTER TECHNIK, SIND INSTRUMENTE ABSOLUT UEBERFLUESSIG. INZWISCHEN HAT ALIEN AUCH EINIGE DER PROTOTYPEN GESCHENKT BEKOMMEN, DA SIE KURZ DAVOR WAREN, IN SERIE ZU GEHEN UND INZWISCHEN AUF DEM MARKT SIND. ALIEN HAT AMBER, DER AKROBATIN, DIE FUER DIE SHOWEINLAGEN ZUSTAENDIG IST, EIN TRAININGSAKROBATENTEIL FUER ZUHAUSE GESCHENKT. DANK DES SOZIALEN ENGAGEMENTS HAT ALIEN AUSSERDEM DIE „X SOUNDMASCHINE" GESCHENKT

BEKOMMEN, ZUM LETZTEN KONZERT HAT SICH ALIEN DAS TEIL AUSGELIEHEN. DIE BEIDEN MASCHINEN, DIE ZWEI STUNDEN LANG ENTWEDER STRANDATMOSPHÄRE, GRUSELSTIMMUNG ODER DIE DRITTE, DIE EINE STUNDE LANG EINE SCHNEELANDSCHAFT MIT SNOWBOARDFAHREN IM WOHNZIMMER ERSCHAFFT WERDEN DIE 11 ZU IHREN ZUKUENFTIGEN KONZERTEN MITNEHMEN. DIE GENEHMIGUNG LIEGT VOR, KEIN ABSOLUTES TOP SECRET MEHR, DA DIE MASCHINEN IN DIE PHASE GEHEN, IN DER DER EINSATZ AUSSERHALB FOERDERLICH IST. DOCH BEI DER CHARITYVERANSTALTUNG IN UEBERSEE KOMMT NUR DIE

SOUNDMASCHINE, AMBERS AKROBATIK UND GESANG ZUM EINSATZ.

COLD BEACH – SONGLISTE

1. CUTE PETS NEW YEAR BEACH SONG

2. SUMMER

3. THE MASCHINE

4. HELP EACH OTHER

5. BE PROUD

6. SEA TO SEE

7. MUCH BETTER

8. IN THE GHETTO (SPECIAL VERSION)

9. THE ANGRY SILENCE

10. BONUS SONG: Y

DER CUTE PETS NEW YEAR BEACH SONG IST SCHON FERTIG, JETZT BRAUCHEN DIE 11 NOCH ZWEI SONGS. SIE ENTSCHEIDEN SICH FUER SEA TO SEE UND THE MASCHINE. DIE BEIDEN SONGS BEKOMMEN TEXT UND MUSIK. JETZT GEHT'S AN DIE LYRICS...

SEA TO SEE

SEA TO SEE

IST WIE POESIE

SIEH DAS MEER

UND MACH MEHR

SEA TO SEE THIS SONG

ALL TIME LONG

LIKE THE OTHER SONGS

THAT'S NOT WRONG

THE MASCHINE

YEPPA, CUTE PETS SONG

ALL TIME LONG

THIS MESSAGE EVERYTIME

THAT'S SO FINE

WORKING, FEELING LIKE THE MASCHINE

NOT THE MACHINE

THE MASCHINE IS RIGHT

RIGHT BY SIDE.

IM GEGENSATZ ZUM ERSTEN SONG SIND SEA TO SEE UND THE MASCHINE RECHT KURZ IM HINBLICK LYRICS. DIE BEIDEN SONGS LEBEN VOM SOUND, KITTY IST DIE FRONTFRAU, DIE SINGT, DIE ANDEREN GIRLS IM BACKROUND. THE MASCHINE SINGEN DIE JUNGS, ALIEN UND X WERDEN DIE SOUNDMASCHINE BEDIENEN, DIE GIRLS TANZEN UND AMBER MACHT AKROBATIK. ..

. . .TO BE CONTINUED

...TO BE CONTINUED CUTE PETS IN UEBERSEE

DIE DREI SONGS IN DER TASCHE, DIE SOUNDMASCHINE UND JEDER HAT EINE SPORTTASCHE FUER DAS WOCHENENDE IN UEBERSEE. DAS KONZERT FINDET SAMSTAGSABENDS STATT. KIRA BIEN, NICK SICK UND VIELE CELEBRITYS, TEILWEISE KENNEN DIE CUTE PETS DURCH DEN FILM, DEN SIE GEDREHT HABEN, EINEN TEIL DER STARS – WER WOHL NOCH DA SEIN WIRD? INERHALB EINER WOCHE HABEN DIE KUSCHELTIERE ES GESCHAFFT ALLES ZU ERLEDIGEN. JETZT GEHT'S AUF DIE NEUN STUNDEN FLUGREISE...

ENDLICH ANGEKOMMEN, CHECKEN DIE 11 IM HOTEL EIN. KIRA UND NICK BEGRUESSEN DIE CUTE PETS UND ES BLEIBT KEINE ZEIT FUER PAUSE. KIRA UND NICK ERKLAEREN DEN MUSIKERN DEN ABLAUF DER CHARITYVERANSTALTUNG, VERTEILEN INFOBLAETTER UND DIE CUTE PETS SPRECHEN UEBER IHR PROGRAMM. KIRA IST BEEINDRUCKT, NICK GESPANNT AUF DAS KONZERT. DIE GIRLS STYLEN SICH GANZ BESONDERS. . .

CHARITY

EINIGE DER GAESTE NICKEN DEN
CUTE PETS FREUNDLICH ZU, SIE
KENNEN SICH BEREITS UND WERDEN
HERZLICH   BEGRUESST.   DIE
MUSIKBAND   WIRD   DEN   GANZEN
ABEND   DER   VERANSTALTUNG
BEIWOHNEN,   ANSTATT   WIE
UEBLICH,   AUS   DEM   NICHTS
HERVORKOMMEN   UND   SONGS
SPIELEN.   IN   SCHWARZEM
BANDOUTFIT   AUS   EIGENER
KREATION, DIE SOUNDMASCHINE
HINTER DER BUEHNE, PLAUDERN
DIE 11, BIS KIRA ZUM OFFIZIELLEN
TEIL WECHSELT. SIE HAELT EINE
REDE   UEBER   DAS,   WAS   AUCH

AMBER TUT, EINE EIGENE STIFTUNG FUER MENSCHEN IN NOT. DIE SAENGERIN, DIE EBENFALLS EINE STIFTUNG HAT, IST MIT IHREM EHEMANN ALS EHRENGAST DA. VERSCHIEDENE GAESTE TRAGEN IHRE SICHT DER DINGE VOR, SPENDEN IST DAS ZIEL! UND DANN NACH ZWEI STUNDEN SPIELEN DIE CUTE PETS. SCHALLENDER APPLAUS UND LOS GEHT ES. DER ERSTE SONG, DER DAS NEUE JAHR BEGRUESST, VERZAUBERT DAS PUBLIKUM. AMBER SPRINGT IN DIE HOEHE, UEBERSCHLAEGT SICH MEHRMALS, FLIEGT FAST UND HAELT SICH AN EINEM BUEHNENSEIL FEST. WAEHREND DES GESANGS ZEIGT SIE IHRE VORFUEHRUNG. DIE BEIDEN NAECHSTEN SONGS LASSEN DIE

GAESTE LACHEN: DAS AMERIKANISCHE PUBLIKUM WILL UNTERHALTEN WERDEN. DAS HABEN SICH DIE KUSCHELTIERE GUT EINGEPRAEGT. DIE MELODIE MACHT ALLE WACH, KITTY ROCKT, DIE GIRLS TANZEN, ALIEN UND X AN DER SOUNDMASCHINE, GOOD PET ROCKT MIT MAHI UND SAMMY. STANDING OVATIONS FUER DIE CUTE PETS UND DIE GAESTE GREIFEN IN IHRE BRIEFTASCHE, HEBEN SIE HOCH ALS ZEICHEN: VERGESST NICHT, WARUM WIR HIER SIND. CELEBRITYS, TEILWEISE EIN STERN AUF DEM WALK OF FAME –

GEGEN EINS IST DIE VERANSTALTUNG ZU ENDE – ZUHAUSE WÄRE ES JETZT IN PET CITY BEREITS ZEIT FUERS FRUEHSTUECK, DA IST SCHON DER NAECHSTE TAG IN VOLLEM GANGE. DIE CUTE PETS SIND ALSO IN DER VERGANGENHEIT. MUEDE UND DIE ZEITVERSCHIEBUNG – EINE KRASSE MISCHUNG. X & MICHELLE, GOOD PET & HAESCHEN, MAEHI & ANGELINA, ALIEN & ANGELA, SAMMY, KITTY UND AMBER GEHEN AUF IHRE ZIMMER. SECHS ZIMMER IM NAHEGELEGENEN HOTEL UND DIE KONZERTSAISON 2016 IST EROEFFNET...

BESONDERS DANKE ICH MEINEM EHEMANN